這不是咖啡館，是我家。

うちカフェ
自宅で楽しむ本格コーヒーと
カフェインテリア

cafenoma 著

前言

小時候，每天早上父母親總會好整以暇地悠閒喝杯咖啡，
令我印象深刻。
向他們討一杯加了一匙砂糖的咖啡，
也是我的早晨之樂。

長大成人後，因工作之便而有機會走訪日本各地，
甚至遠至世界各國，
自然而然地會去尋覓喜歡的咖啡館、咖啡豆
以及咖啡相關用具，變成了我的興趣。
當我走進一家美輪美奐的迷人咖啡館，
我總會在心中描繪著場景，
想著未來有一天能夠坐在如同這般美好的家中啜飲咖啡……
在到義大利旅行時，遇見了Bialetti品牌的滴注式咖啡壺，
喝下用它所煮出的咖啡歐蕾，所感受到的那份美味感動，
我至今仍難忘懷。

這本書出自於深愛著咖啡與
家庭的cafenoma兩人的每日咖啡記錄。

cafenoma的ma從日文的「房間」而來，
這個由我們所創造出來的新名詞，
意味著「有咖啡存在的空間」。
我們稱不上專家，只是咖啡愛好者。
對我們來說，比起咖啡本身，
「有咖啡的空間」這樣的生活方式是更重要的。

在自己喜愛的空間當中，愉悅地喝著喜歡的咖啡。

為了追求這樣的生活，從沖泡咖啡的方式、招待客人的方式、
適合搭配咖啡的點心、室內擺設等等，
我們在這本書中分享屬於cafenoma風格的
「有咖啡的舒適生活」。

今天也請來杯美味的咖啡吧！

Spend quality time with a cup of coffee.

Feel relax, being surrounded with the things you love.

Here are some tips to enjoy your coffee at home.

CONTENTS

*關於書中食譜，請務必將烤箱預熱到特定
溫度再使用。成品有可能因為熱源或烤箱機
種的不同而與圖片有差異，請隨時觀察料理
狀態以調整烘焙時間。

Time with a cup of coffee

以 手 沖 方 式 ，

不 惜 時 間 與 心 力 ， 慎 重 仔 細 地 萃 取 一 杯 咖 啡 ，

是 我 的 喜 好 。

為 了 不 讓 熱 水 在 濾 紙 上 形 成 蓄 積 ，

緩 緩 地 在 咖 啡 豆 上 澆 注 入 熱 水 。

在 此 片 刻 ， 腦 袋 完 全 清 空 ，

僅 只 是 望 著 濾 滴 落 下 的 咖 啡 液 ，

我 最 喜 歡 這 段 時 間 了 。

MENU
濾紙手沖咖啡→P100

─────

細口手沖壺〈TAKAHIRO dimanche 特別版顏色 / café vivement dimanche〉
玻璃濾杯〈155 經典黑色 / Kalita〉
玻璃咖啡壺〈300 Server G / Kalita〉
馬克杯〈古董品 / ARABIA〉

The smallest siphon coffee maker

以虹吸式咖啡壺來泡咖啡。

今天使用這個一次只能做出一小杯咖啡的世界最小

「迷你虹吸壺」。

單單為了自己，

特地用虹吸壺煮出一杯咖啡，

讓人感到無比奢華。

在一個寒冷冬日早晨，啜飲著用迷你虹吸
壺煮出的咖啡，裝盛著現煮咖啡的燒瓶冒
出了好可愛的蒸氣！今天一定有好事會發
生吧，心情變得愉悅溫暖，不禁眺望著這
幅情景好一陣子。

MENU
用虹吸式咖啡壺製作咖啡→P108

琺瑯手沖壺〈月兔印 / Fujii〉
迷你虹吸式咖啡壺〈HARIO〉

Coffee by the window

眺望窗外的宜人景色。

我喜歡一邊啜飲著咖啡，

一邊閒散地眺望著路上擦肩交錯的人們。

以手工馬芬蛋糕搭配咖啡。

想著該怎麼製作盛放於咖啡碟上的小點心，

這段時光讓我樂在其中。

自家長長的窗檯剛好適合拿來當桌子。
雖不寬闊，但很享受在這裡吃著三明治、
泡咖啡的時刻。

MENU
義式濃縮咖啡→P114
馬芬蛋糕

右：濃縮咖啡杯組〈Oiva ／ 白色 ／ marimekko〉
左：濃縮咖啡馬克杯〈KoKo ／ ARABIA〉
木碟〈於京都的咖啡館「efish」購入〉
甜點匙〈Cutipol〉

A cafe on the canal

某 日 的 廚 房 光 景 。

以 位 於 阿 姆 斯 特 丹 運 河 旁

一 家 歷 史 悠 久 的 小 咖 啡 館 為 裝 潢 範 本 。

紅 褐 色 的 磚 牆 ，

以 及 寫 著 菜 單 的 大 黑 板 。

每 當 想 到 喜 歡 的 室 內 佈 置 方 式 ，

腦 中 總 會 浮 現 那 家 咖 啡 館 的 樣 子 。

紅色馬克杯〈Falcon Enamelware〉
白色馬克杯〈27 COFFEE ROASTERS〉
濃縮咖啡杯〈Rasymatto ／ Marimekko〉
愛樂壓咖啡壺〈AeroPress〉
迷你虹吸壺〈HARIO〉

A cool looking nel dripper

姿態凜然優美的手沖咖啡壺。

時尚而具成熟風味的咖啡杯，

與低調風格的室內裝潢十分搭配。

旁邊擺上相同模樣但卻小一號的牛奶壺，

就像是親子出遊一樣，真是可愛。

「三之輪二丁目手沖咖啡壺」。從名稱便
可充分感受到代表著日本自古以來的美好
特質。此商品出產自製作醫療用玻璃的公
司，每個細節都是手工製作。

MENU
濾布手沖咖啡→P104

———

濾布手沖咖啡玻璃壺、牛奶壺〈品名：三輪二丁目濾布咖啡壺 · 附把手 / 小泉哨子製作所〉
小咖啡杯盤組〈Anemone（骨董）/ ARABIA〉

A good croissant

當我去到初次造訪的麵包店，

第一次會購買簡單的吐司試試，

接下來便會嘗試可頌麵包。

即便只是一口大小的可頌麵包，

每家店的味道與口感都各有不同。

外層酥脆，

內層能充分感受到扎實的奶油風味，

我最喜歡這樣的可頌麵包了。

MENU
濾紙手沖咖啡（使用不銹鋼濾杯）→P100
可頌麵包

咖啡杯盤組〈骨董／ARABIA〉
咖啡濾器玻璃壺〈BamBoo Coffee Server〉〈東京共同貿易〉
甜點匙〈Cutipol〉
牛奶壺〈在雜貨商店「Madu」購入〉

Pancakes with coffee syrup

試著自己製作咖啡糖漿。

原本是加入冰咖啡或果凍當中，

不過，某次試著淋在鬆餅上。

咖啡風味完全沁入鬆餅裡頭，

感受到出乎意料的美味。

在喜歡的咖啡當中加入同等份量的砂糖，
待糖溶解後，咖啡糖漿就完成了。建議使
用粗砂糖或三溫糖，會呈現出如焦糖般的
深度，相當美味。

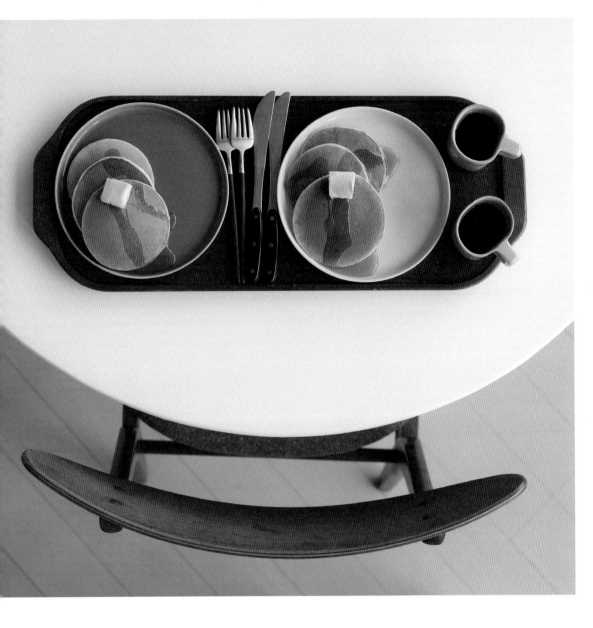

MENU
濾布手沖咖啡→P104
鬆餅與奶油、咖啡糖漿

灰色、白色餐盤〈CLASKA Gallery & Shop "DO"〉
餐刀〈北歐骨董品〉
餐叉〈Cutipol〉
濃縮咖啡馬克杯〈Margarida Fabrica〉
木質托盤〈北歐骨董品〉

Espresso cups from Portugal

用喜歡的杯子喝一杯義式濃縮咖啡。

這個杯子是葡萄牙女性陶藝家Margarida的作品。

她因為很喜歡我們的Instagram，

而特地將作品贈送給我們。

每一個擁有不同樣貌外型的手作馬克杯，

似乎也傳達出了她那溫柔的特質。

MENU
義式濃縮咖啡→P114

———

濃縮咖啡馬克杯〈Margarida Fabrica〉
甜點匙〈Cutipol〉

AEROPRESS for a busy morning

不管早晨再怎麼慌亂失措，

我們都會以打掃屋子作為一天的開始。

這已經成了一種不可或缺的必做事項。

不過，美味的咖啡也是不可或缺的。

這種時候就會利用愛樂壓咖啡壺來泡咖啡。

簡單迅速就能完成，

是我十分喜愛的咖啡工具之一。

MENU
用愛樂壓咖啡壺製作咖啡→P110

愛樂壓咖啡壺〈Aerobie〉
牛奶壺〈Rattleware〉

Love reading over coffee

我喜歡坐在廚房吧檯的邊邊，

閱讀書本或雜誌。

而閱讀時光的良伴絕對是咖啡。

用咖啡壺泡咖啡，享受等待的樂趣。

若是有隨手就能輕鬆抓取的小點心作伴，

真是夫復何求的幸福。

如此度過假日午後，是最理想的方式。

書架上可看見許多書籍的書背，這也是室
內佈置的表現方式之一。在我們家，並不
是以類別或是作者作為排列順序，而是以
書背的顏色或設計來排列。

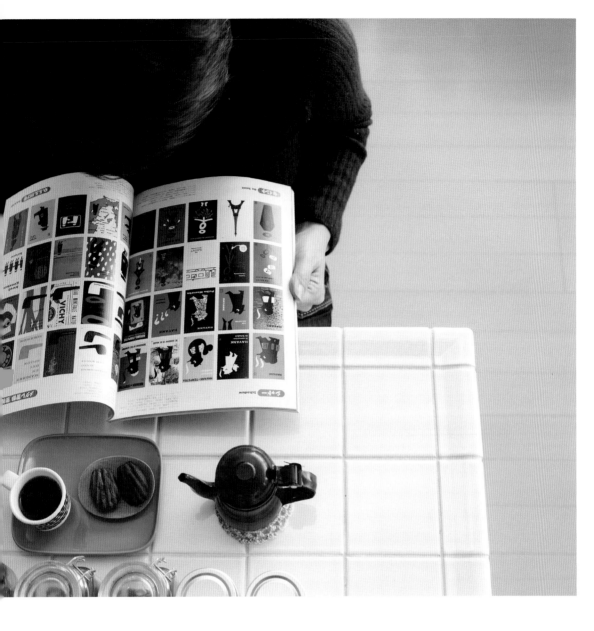

MENU

用法式濾壓壺製作咖啡→P106

費南雪蛋糕（Financiers）

濃縮咖啡杯〈RASYMATTO ╱ marimekko〉

濃縮咖啡盤〈Oiva ╱ 藍色 ╱ marimekko〉

咖啡壺〈在神戶的雜貨商店「NAIFS」購入〉

室內佈置 *INTERIOR*

比起全新的商品，我更喜歡感覺起來彷彿帶著溫度的老東西。尤其是與創新或現代感的東西做結合，在帶有時代感的氣氛之中，還具有令人心神舒適的乾淨感，這樣的物品更是我心頭好。

我家的室內佈置範本，是一間位於荷蘭阿姆斯特丹的咖啡館，我之前曾因工作數度造訪。以那間咖啡館為範本，而大前提則是簡約。我喜愛圓潤造型物品，丈夫則偏好極簡線條，喜好完全不同的我們兩人，在共同生活當中，慢慢抓出彼此都能感到舒服的平衡，打造出了較為中性的空間。不過，還是要稍有一些生活感，能讓人感到放鬆安心，所以不斷的變動配置與家具，就連今天也稍稍更改了家裡的擺設。

LAMP
吊燈

這是我在The Conran Shop找到的吊燈，富有魅力的獨特造型，讓我一見鍾情。瞬間增添了不少咖啡館氣氛，雖不起眼，卻是室內佈置的好配角。

COUNTER
吧檯

吧檯檯面貼上白色磁磚，更添乾淨感。來拜訪的朋友會先坐在這裡喝杯咖啡。我十分中意牆上的舊紅磚，那其實是專門用在外牆的。

TABLE
&
SOFA
桌子&沙發

灰色調沙發購自Bo Concept。使用仿麂皮的皮料，即使翻灑了飲料也能輕鬆擦拭，相當方便。咖啡桌是來自北歐的骨董品。

Coffee served in pot

每當到外面的咖啡店，

有時會看到直接以咖啡壺前來倒咖啡的店家。

似乎是在傳達著「請悠閒地慢慢坐」，

總是令我不由得有些喜悅。

當然，喝下咖啡更讓人幸福倍增。

所以，要是遇到服務人員用咖啡壺倒咖啡的時候，

總讓我忍不住歡呼出聲。

MENU
濾紙手沖咖啡→P100
杯子蛋糕

———

咖啡壺〈日本的骨董品〉
馬克杯〈德國的骨董品〉
附把手的小器皿〈在「MOMO natural」購入〉

到美容院時，總是會以蓮花牌焦糖餅乾搭著飲料一起吃。

這一天，一時興起便買了餅乾回家。

想起點心時間，

於是試著搭配我最愛的阿法奇朵冰淇淋咖啡。

以焦糖餅乾代替湯匙，挖冰淇淋送入口中，

苦味與甜味，再加上肉桂的風味，瞬間在口中蔓延開來。

阿法奇朵（Affogato）已成為我家基本款點
心。請務必搭配用摩卡壺或義式濃縮咖啡
機製成的濃烈風味咖啡一同享用。

MENU
阿法奇朵→P117（食譜示範紅豆阿法奇朵）
蓮花牌焦糖餅乾與香草冰淇淋

冰淇淋杓〈Zeroll〉
湯匙〈在 ANGERS ravissant 新宿店購入〉
濃縮咖啡杯〈KoKo ／ ARABIA〉
玻璃器皿〈在雜貨商店「Madu」購入〉

Afternoon break with waffles

要烤出漂亮的鬆餅，意外的有難度。

即使外觀沒那麼好看，

在自家咖啡館，看來還是別具魅力。

今天的鬆餅走美式作風的酥脆口感，

只簡單灑上糖粉便可食用。

在托盤上隨意鋪上紙，

再搭配咖啡，便完成囉！

使用 Vitantonio 牌的鬆餅＆烤三明治機來製
作鬆餅。能烤出像比利時鬆餅那樣的扎實
有厚度的口感。若替換同一個牌子推出的
其他功能鐵盤，還能製作帕尼尼或鯛魚燒，
真是有趣。

MENU
濾紙手沖咖啡→P100

灑上糖粉的鬆餅

黑色托盤〈在斯德哥爾摩的雜貨商店「iris hantverk」購入〉

咖啡杯〈Höganäs Keramik〉

咖啡壺〈LUCKYWOOD〉

木質咖啡盤〈在雜貨商店「Madu」購入〉

A snowy day in Yokohama

2014年2月的某一天，

橫濱降下20年一度的大雪。

就連平時車水馬龍、行人雜沓的街道，

也被一片白茫茫的雪覆蓋，顯得寂靜而夢幻。

這種時候，最適合一邊眺望著靜靜落下而積累的雪，

一邊在家喝杯咖啡。

今天從早上開始便下著無聲的細雨。與晴
朗無雲的天氣不同，雨天也有另一番風情。
眼神追逐著行人交錯的鮮豔傘面，側耳傾
聽著落在窗戶上的雨聲。

MENU
濾紙手沖咖啡→P100（波浪濾紙）
餅乾

濃縮咖啡杯〈KoKo ／ ARABIA〉
砧板〈在雜貨商店「Madu」購入〉

Enjoy the classic flavor of cookies

雖然對於新推出的甜點很有興趣，

但從以前流傳至今令人懷念的點心也讓我愛不釋手。

今天的咖啡良伴是泉屋東京店的餅乾。

樸實不起眼的外觀，

與簡單的風味，

都帶著溫暖的感覺。

總是讓我不時特別想念。

MENU
義式濃縮咖啡→P104
泉屋東京店的餅乾

濃縮咖啡杯盤組〈Oiva / 白色 / marimekko〉

Breads from my favorite bakery

盡情、隨意地吃自己喜歡的麵包，

也只有在自家咖啡館，

才能實現這樣任性的吃法。

對於麵包愛好者來說，沒有比這更令人開心的事了。

在桌上擺滿了從湘南「midi a midi」買來的各種麵包，

光看就讓人開心不已。

MENU
法式濾壓咖啡→P106
midi a midi 的6種麵包
奶油

―

木質托盤、白色餐盤〈皆從代代木上原的雜貨商店「生活之店　黃魚」購入〉
濃縮咖啡馬克杯〈KoKo ／ ARABIA〉
咖啡壺〈LUCKYWOOD〉
裝奶油的器皿〈DEAN&DELUCA〉

用 牛 奶 、 雞 蛋 、 吐 司 製 成 法 式 吐 司 。

雖 然 都 是 些 家 裡 常 用 的 食 材 ，

卻 是 能 迅 速 上 桌 的 美 食 。

在 法 式 吐 司 上 放 些 香 蕉 ，

瞬 間 變 身 為 咖 啡 館 餐 點 。

在其他日子製作的法式吐司，使用內含乾燥水果的麵包，放入單人份小平底鍋，再佐上奶油。發現到隨著麵包種類的不同，味道與口感都會跟著不一樣，讓人感到樂趣無窮。若改用丹麥吐司，則會有蓬鬆口感，也很好吃。

MENU
濾紙手沖咖啡→P100
香蕉法式吐司

托盤〈maison blanche classique〉

馬克杯〈德國的骨董品〉

西洋梨形狀的木質器皿〈在 B-COMPANY 購入〉

波浪濾紙〈155 / Kalita〉

咖啡玻璃壺〈300 server G / Kalita〉

餐叉〈在那須塩原的雜貨商店「SOMA JAPON」購入〉

蜂蜜棒〈在代代木八幡的咖啡館「pivoine」購入〉

Just fresh from the oven

剛烤好的點心能夠從烤爐直送上桌，

這也是只有在自家咖啡館才有的好處。

輕鬆地直接以烤盅當作餐盤，

我很喜歡這樣的風格，

目前的愛用品是野田琺瑯的小烤盅。

MENU
用愛樂壓咖啡壺製作咖啡→P110
2種小蛋糕

———

烤盅〈手札／野田琺瑯〉
托盤、咖啡杯〈ARABIA〉
咖啡壺（大＆小）、糖罐〈LUCKYWOOD〉
大餐刀〈Jean Dubost〉
不鏽鋼餐叉〈SORI YANAGI〉
木質餐叉〈在家具雜貨商店「ACTUS」購入〉
木質托盤〈從代代木上原的雜貨商店「生活之店 黃魚」購入〉

今天使用我最喜愛的咖啡杯盤組，

裝入以虹吸壺製作的咖啡。

我們都很喜歡那澄淨而清爽的口味。

看著熱水沸騰，

咖啡香氣在屋子裡蔓延，

我想這就是以虹吸壺煮咖啡的妙趣所在。

猶記得小時候，雙親在喝咖啡時一定會使
用這個 DANSK 牌的黑色咖啡杯。我一直都
覺得放在老家碗櫥裡的這組杯子很棒。從
父母那裡接收而來的這組杯子，雖然有些
不完美的地方，但現在已經完全融入我們
家的餐桌，真令人開心。

MENU
以虹吸壺製作咖啡→P108

咖啡杯盤組〈DANSK IHQ〉
Technica 系列虹吸壺〈HARIO〉

在大阪出生長大的我，

住在橫濱的年月漸長，

對於家鄉近來的點心現狀已經有些疏離。

我認為關西地區真的是美味點心的寶庫，

這次收到了來自關西這個夢幻之地的伴手禮，

是「HAT TRICK」這家店的洋梨塔。

開動囉！

原本認為唯有在外面店家才能吃到的鬆餅，

只要有一台鬆餅機，

隨時都能在家享用。

熱騰騰的心形鬆餅一上桌，

總能讓餐桌氣氛活躍起來，

質地鬆軟，也很適合搭配奶油或醬料一起吃。

每每都讓我無比期待完成的那一刻。

ALPRESSA 牌的心形鬆餅機構造簡單，只要
想吃，馬上就能製作。因為沒有其他多餘
的功能，使用起來很簡易。能做出外層酥
脆、內層鬆軟的鬆餅，跟其他品牌鬆餅機
製作出的鬆餅比起來，厚度更薄。

MENU
心形鬆餅灑上糖粉、放上馬斯卡彭奶油與藍莓醬

———

鬆餅機〈心形 / ALPRESSA〉
白色、灰色的餐盤〈CLASKA Gallery & Shop "DO"〉
甜點叉〈在家具雜貨商店「Actus」購入〉
果醬瓶裡的木質湯匙〈在雜貨商店「Madu」購入〉

Lunchbox sandwiches

這一天的午餐，

是自製的豐富蔬菜三明治，

紫色高麗菜加上優質火腿、酪梨搭配滑順的乳酪。

有時會將三明治放入盒中，有如咖啡館的外帶餐盒。

像這樣的變化方式也讓人感到樂趣橫生。

這種薄質輕巧的木盒很好用。除了能裝三
明治，裝入餅乾或手工點心，質感看起來
更升級，真是不可思議。裝在盒中直接上
桌也很自然，沒有矯飾感，若是吃不完也
能以盒裝形式保存。

物 品 擺 設 *DISPLAY*

　我之所以會迷上咖啡，其實一開始的契機是因為喜歡咖啡相關的器具及工具。有許多外型洗練獨特、具有設計感，以及擺設起來十分美麗的器具。被自己喜愛的東西圍繞，一邊欣賞著這些器具，咖啡喝起來更加美味。因此，我認為每一個角落的物品擺設也是室內佈置的一環，相當重要。

　這個架子擺滿了我喜愛的咖啡器具，在我家被稱為「咖啡站」，是我偏愛的空間。我會在這裡選擇要用哪種咖啡豆、把咖啡壺拿到這裡泡咖啡、使用義式濃縮咖啡機……等等。因為物品擺設也是我的興趣，會思考著使用方便性，頻繁地更替部分物品，我十分享受於重複這樣的過程。

ESPRESSO CUP
濃縮咖啡杯

將濃縮咖啡杯倒過來放在木質大碗裡，這樣的擺設靈感來自於我在一家小料理店看到的豬口杯（小酒杯）擺法。咖啡杯的杯底各有不同特色，另有一番趣味。

BLACKBOARD
黑板

當咖啡器具越來越多，因為想讓客人從幾種製作方式當中選擇喜好的泡法，所以便寫在黑板上。最近打算將一部分牆壁自己DIY改成黑板。

POSTER
海報

一張海報就能讓屋裡有不同的嶄新風貌，因此我會定期更換海報圖案。左邊的櫻桃海報，是我特地到斯德哥爾摩買來的，蘊含著滿滿回憶。

CUPBOARD
碗櫥

我將長年以來到世界各國蒐集購入的咖啡杯，整齊擺放在這個從雜貨商店「Madu」買來的碗櫥上。有許多咖啡杯都是帶著懷舊感的骨董品。

我家的漢堡肉當中一定會加入蓮藕。

絞肉與磨成泥狀的蓮藕以 2 比 1 的比例拌勻，

加入炒過的洋蔥，

以鹽、胡椒、醬油調味。

再混入加了牛奶浸濕的麵包粉，

捏好形狀後，下鍋煎就行了。

可搭配新鮮蔬菜與半熟蛋一起吃。

其他日子也會以小圓麵包做出一口大小的
蓮藕漢堡。用其他不同形狀的麵包，又會
有不一樣的感覺。

MENU
用法式濾壓壺製作的咖啡→P106
蓮藕漢堡肉三明治

砧板〈北歐的骨董品〉
咖啡杯盤組〈Höganäs Keramik〉
裝調味料的小器皿〈DEAN&DELUCA〉
湯匙〈在雜貨商店「Madu」購入〉

這是我在某家咖啡館曾吃過的早餐。

因為實在很美味，於是也試著在家自己做。

從那之後便成了我家的固定菜單。

當然，食譜做法是我自己揣想的，

每次製作時，味道都不太一樣，

為了在家裡重現吃過的美味料理而一再嘗試的過程，

也讓我樂在其中。

將切得細碎的黑橄欖滿滿地放在洋蔥、加
入醋而酸味顯著的鮪魚上頭。夾入烤過的
麵包當中，是適合大人吃的三明治。推薦
搭配葡萄酒一起吃。

MENU
鮪魚黑橄欖三明治→P123

餐盤〈porvasal〉

玻璃器皿〈在雜貨商店「Madu」購入〉

奶油抹刀〈Jean Dubost〉

砧板〈北歐的骨董品〉

陶瓷小器皿〈DEAN&DELUCA〉

湯匙〈在雜貨商店「Madu」購入〉

Chat over a pot of coffee

與親密的朋友聊天，

總是不知不覺聊個沒完。

這種時候，我會為每人都準備一個咖啡壺。

多虧了保溫台，

隨時都能喝到溫暖的咖啡，真令人開心。

看著蠟燭小小的火焰閃爍跳動，

心也跟著溫熱了起來。

MENU
濾紙手沖咖啡→P100

咖啡杯盤組〈Gustavsberg〉
蛋糕盅〈ASA Selection〉
咖啡壺＆保溫台〈在阿姆斯特丹的雜貨商店「DILLE&KAMILLE」購入〉
餐刀〈在家具雜貨商店「Actus」購入〉

最近，在很多地方都買得到豆腐多拿滋。

但最棒的還是在家裡自己動手做，

盡情享用剛炸好熱騰騰的美味。

再加上同樣用豆腐做成的豆腐生巧克力，

今天就用以豆腐製成的健康點心搭配咖啡吧。

以小時候母親做的豆腐多拿滋為範本，重現令人懷念的美味。在大碗裡將打散的蛋液（1顆份）加入砂糖（3大匙）、米糠油（Rice Bran Oil，2小匙）攪拌均勻。用攪拌器將嫩豆腐（100公克）搗碎至滑順泥狀放入大碗中。混合低筋麵粉（100公克）與高筋麵粉（50公克），過篩後加入泡打粉（2/3小匙）稍微攪拌，再放入大碗當中拌勻。用兩根湯匙將麵糊整成圓形後，丟入180℃的油鍋內。起鍋後，趁熱灑上砂糖便可享用。

MENU
義式濃縮咖啡→P114
豆腐多拿滋
豆腐生巧克力→P119

餐墊〈SOU・SOU〉
砧板〈在雜貨商店「Madu」購入〉
濃縮咖啡馬克杯〈KoKo／ARABIA〉
糖罐〈LUCKYWOOD〉
餐叉〈SORIYANAGI〉

Strawberry sandwiches

在草莓產季突然靈光一閃，

想試著做草莓三明治。

在馬茲卡彭起司裡加入優格、楓糖漿與檸檬製成奶油，

清爽的後味令我滿心歡喜。

斷面不曉得會是什麼模樣呢？

每當菜刀切下時，

總是懷抱著祈禱般的心情。

MENU
濾紙手沖咖啡→P100
草莓三明治

———

咖啡杯盤組〈Gustavsberg〉
木質托盤〈北歐的骨董品〉

今天活用冰箱裡現有的食材來製作早午餐。

雖然都是些剩下的東西，

不過，運用各種形狀的小碟子搭配起來，

完成了賞心悅目的擺盤。

每次更替裝盛容器與托盤的組合，

打造餐桌風格的趣味也讓人樂在其中。

這個洋梨形的木質器皿原本是用來裝飾品
的容器。因為形狀小巧，剛好適合放入一
口大小的點心。沉穩的塗色與各式各樣的
杯子都很合搭，是我相當中意的器皿。

MENU

濾布手沖咖啡→P104

白麵包

黃色小番茄與莫札瑞拉起司的沙拉

馬鈴薯冷湯

奇異果優格

迷你鹹派

洋梨形木質器皿〈在「B-COMPANY」購入〉

木質托盤〈北歐的骨董品〉

濃縮咖啡馬克杯〈KoKo / ARABIA〉

玻璃杯〈在雜貨商店「Madu」購入〉

湯匙、餐叉〈在「Angers Ravissant 新宿店」購入〉

將切小塊的蘆筍與起司放在吐司上，再送入烤箱即可，

是一道做法相當簡單的吐司料理。

如此單純卻又有充分飽足感，適合拿來當早餐。

以平底鍋盛裝著直接上桌，

氣氛十足，感覺很棒。

首先不得不說這個一人用的平底鍋尺寸小
巧得實在太可愛。不管是煎蛋包，或是煎
香腸，用起來都很順手，是我很寶貝的鍋
具。做一個小蘋果派，趁著剛出爐熱呼呼
的直接連鍋上桌，讓人看了心情大好。

MENU
焗烤蘆筍開放式三明治→P122
水煮蛋

———

平底鍋〈Skillet 5 吋 / LODGE〉
餐盤〈maison blanche classique〉
餐叉〈SORI YANAGI〉
放鹽的小碟子〈在中目黑的雜貨商店「heidi」購入〉
湯匙〈在雜貨商店「Madu」購入〉

想著該如何呈現單盤料理的擺盤方式，

我很享受這段思考的時間。

先擺上昨天吃不完的鹹派，

再想想怎麼運用冰箱剩菜的配色⋯⋯，

在腦海中逐漸填滿餐盤的空隙。

發想的契機是「用冰箱現有的食材來完成」。

以擀麵棒將吐司擀平製成鹹派外皮，取代
原本的麵糰派皮。因為不像一般派皮那樣
容易被溫度影響，料理上比較簡單，內餡
以豆腐取代鮮奶油，更加健康。由於加入
了起司，口感吃起來完全就是鹹派，卻健
康多了。

MENU

用虹吸式咖啡壺製作咖啡→P108

培根菠菜豆腐鹹派

蘿蔔嬰鮭魚捲

蔬菜沙拉佐山葵醬

毛豆湯

───────

木質托盤〈北歐的骨董品〉

白色餐盤〈從代代木上原的雜貨商店「生活之店　黃魚」購入〉

裝醬料的瓶子〈空的果醬瓶〉

木質湯匙〈studio m'〉

餐叉〈在家具雜貨商店「Actus」購入〉

Iced coffee for hot summer

在熱得讓人提不起勁的夏日，

最適合來杯冰咖啡。

雖然將較濃的咖啡倒入冰塊中的急冷式做法也不錯，

今天試著製作了長時間慢慢萃取的冰滴咖啡。

味道溫醇又清爽，很容易入口。

將昨天晚上準備好的冰滴咖啡連壺一起放
進冰箱冷藏，隔天一早就能直接上桌囉。
即便不加冰塊也有著恰到好處的冰度，早
上喝正適合，精神馬上隨之一振。不帶苦
味、溫和圓潤，一天可以喝上好幾杯。

冰滴咖啡→P103

────

玻璃瓶〈KILNER〉
玻璃杯〈Bormioli Rocco〉
牛奶瓶〈在雜貨商店「Madu」購入〉

每當朋友到家裡做客的時候，我總是希望他們能夠不要太拘束、把這裡當自己家一樣的放鬆。

譬如說，雖然我自己很喜歡甜點與咖啡，但並非每個人都是如此。因為想讓每個朋友都能樂在其中，在飲料方面不只備有咖啡，也通常會準備兩種紅茶供選擇。對於喜愛咖啡的朋友，會先詢問他們喜歡的咖啡豆種類以及製作方式、飲用方式，並且讓他們選擇中意的咖啡杯。

關於甜點，我會先將小袋包裝的點心放在咖啡碟邊，即便是不太愛吃甜點的人，也能抱著輕鬆心情、不沾手的品嚐。另外，對於喜歡甜點的朋友，則會用其他盤子盛裝各式各樣的點心上桌，讓他們隨時都可以拿取食用。這樣的小巧思都是期盼帶給朋友們自在舒適的感受，而這也讓我感到很開心。

MINI CAKE
小蛋糕

用小型琺瑯烤皿烤出的小蛋糕，讓客人們可以輕鬆取用。若是不須拘禮的好友，有時也會直接以烤皿上桌。

CUP&SAUCER
咖啡杯盤組

雖然原本就搭配一組的杯盤也不錯，不過，重新混搭杯盤的組合，能展現出恰到好處的休閒氣氛。消除了隔閡感，是讓客人們更享受放鬆氣氛的小技巧。

POT SERVICE
咖啡壺

以配合每個人喜好而個別選擇的咖啡壺端上桌，大家就不須離開位子，可以專注在聊天當中。在寒冷時節，若再加上保溫台，隨時都能保持在暖暖的溫度。

How to make an Iced latte

以義式濃縮咖啡製作的拿鐵風味濃醇，

就像是將咖啡味更加濃縮似的感覺。

這天，我在濃縮咖啡中加入了黑糖糖漿，倒入玻璃杯中，

放入冰塊後，靜緩地倒入牛奶，

做出了看來十分美味的大理石紋。

MENU
加入黑糖糖漿的冰拿鐵

玻璃瓶（皆為 WECK）

原本用來裝蘋果汁的玻璃瓶，

由於那圓胖的外型與裝飾都太可愛了，

是我相當喜愛的容器。

今天就用這個空瓶盛裝黑糖拿鐵冰沙。

搭配的甜點是口感濕潤綿密的布朗尼。

拿鐵冰沙的做法是，將義式濃縮咖啡製成
冰塊後，與牛奶、黑糖糖漿一起放入調理
機中攪拌，打成冰沙狀即可。雖然需要花
些時間，但濃醇的咖啡苦味與牛奶及黑糖
的甜味展現出絕妙平衡感。建議各位一定
要試試看。

MENU
黑糖拿鐵冰沙
布朗尼

玻璃瓶〈Martinelli's 蘋果汁〈296ml〉的空瓶〉
木質小盤〈在京都的咖啡館「efish」購入〉

雖然年紀已經老大不小，但還是每天都想吃點心。

不過，卡路里也很令人在意，

於是我的基本款點心就是使用豆渣製作的磅蛋糕。

原本以為味道會太淡，

但口感Q彈綿密，真是美味。

當然，對於沒有減肥需求的朋友也很推薦這道點心。

用小模具烤蛋糕，真是方便。一次製作兩
個蛋糕，一個拿來送朋友，另一個就用來
確認烘烤程度與味道。因為尺寸迷你，當
作搭配咖啡的點心剛剛好。

MENU

濾紙手沖咖啡→P100

豆渣蛋糕→P118

咖啡壺〈Cafe Mame-Hico〉

方盤〈maison blanche classique〉

咖啡杯盤組〈Höganäs Keramik〉

裝水的玻璃杯〈DURALEX〉

牛奶瓶〈在雜貨商店「Madu」購入〉

銀製餐叉〈SUNAO〉

黃銅湯匙〈在那須塩原的雜貨商店「SOMA JAPON」購入〉

亞麻餐巾〈fog linen work〉

運用剩餘食材變化出早餐組合，
在我家已成為了基本菜單，但起初完全是一個偶然的巧合。
單純只是不加矯飾地盛入小碟子，放在木質的圓形托盤上，
看起來就好像食材的嘉年華似的，讓我深感有趣，而這就成
了起點。

在我家餐桌上表現相當活躍的小碟子們。
包括從娘家拿來的、也有在傢俱生活用品
專賣店「MOMO natural」購入的小碟子，有
各式各樣的顏色與質感及形狀。隨意搭配
不同種類的小碟子，像這樣不一致的混搭
有時也會呈現出一種自然簡樸感。

MENU

用愛樂壓咖啡壺製作咖啡→P110

藍莓起司馬芬蛋糕

用義式濃縮咖啡為基底的歐蕾咖啡凍

蘆筍橄欖火腿沙拉

番茄冷湯

水果優格可麗餅

半熟蛋、奶油吐司

砧板、玻璃杯、盛裝優格與歐蕾咖啡凍的玻璃器皿、湯碗及其中的湯匙〈皆在雜貨商店「Madu」購入〉

洋梨形木質器皿〈在「B-COMPANY」購入〉

甜點匙〈Cutipol〉、餐叉〈SORI YANAGI〉

義式濃縮咖啡馬克杯〈KoKo ╱ ARABIA〉

長年好友不時都會到我家來作客。

想必她有時一定很想暫時離開家事與小孩，到外面走走，

但想去的地方永遠都是我家。

「不知怎的，就是能感到很放鬆」，她這麼說。

為了如此溫柔的她，

今天準備了手工蛋糕，等候她的到來。

重疊了巧克力與紫心地瓜兩種口味的豆渣
蛋糕製作而成。最上面是以豆腐作的巧克
力奶油作裝飾。最後從上方刨些巧克力薄
片，再灑上糖粉當點綴。充滿了手工感的
質樸外表也很有我的風格。

濾紙手沖咖啡→P100
巧克力與紫心地瓜的豆渣蛋糕

咖啡壺〈CHEMEX〉
咖啡杯盤組〈骨董品 / ARABIA〉
蛋糕盅〈ASA Selection〉
甜點叉與甜點刀〈Cutipol〉
分裝用的小碟子〈porvasal〉
亞麻餐巾〈fog linen work〉

Nice wood cutting board

我常去一間美式燒烤餐廳，
店家會以砧板盛裝料理直接上桌。
我很喜歡這種輕鬆自在的感覺，
於是馬上就蒐購了各種大小的砧板放在家裡。
比起嶄新的物品，我更鍾愛有著使用痕跡的東西，
所以今天也毫無顧忌的盡量使用它囉。

擁有各種大小不一的砧板很方便。大砧板
用來放些讓大家分取的派或起司，而小砧
板則可以盛裝一人份的三明治或點心。對
於打造餐桌風格，桌上擺放木質物品會讓
整體氛圍變得很溫和。

MENU
蘆筍培根半熟蛋開放式三明治

───

木質砧板〈從代代木上原的雜貨商店「生活之店　黃魚」購入〉
餐刀〈SUNAO〉
湯匙〈Tsubame shinko〉
胡椒罐＆鹽罐〈Kikkerland〉

若是問我最愛的麵包是什麼，我的回答會是吐司，

尤其是烤吐司。

外層酥脆具有彈力，內部Q軟，

帶著微微甜味，這樣的烤吐司最棒了。

我曾在某個專欄裡看過這樣的說法：

「厚度4公分的吐司是最美味的」，

雖然感覺很厚，但我決定下次試著做做看。

這天，以艾許奶油（Echire Butter）來搭配烤吐司。對於塗在麵包上的奶油，我會不惜成本。選用橫濱元町的咖啡館「LENTO」的黑麥吐司，黑麥的酸味會在口中輕柔擴散開來。我也很喜歡口感彈牙的小黑麥麵包。

MENU
用虹吸式咖啡壺製作咖啡→P108
黑麥吐司加奶油、果醬

不鏽鋼托盤〈北歐骨董品〉
咖啡杯〈Gustavsberg〉
餐盤〈porvasal〉
放奶油的玻璃器皿、木質抹刀〈在雜貨商店「Madu」購入〉
奶油抹刀〈Jean Dubost〉

打 造 場 景 4
實 用 物 品 *ITEM*

　　像咖啡杯或蛋糕盤等餐具的顏色，以能夠凸顯食物美味的白色居多。雖說是白色，從接近奶油的白色，到如青瓷那樣帶著清透藍色的白色，種類相當多，怎麼看也看不膩。雖然也喜歡使用其他顏色的餐具作為點綴，但不知不覺地就收集了許多白色的用品。

　　這個蛋糕架是我在德國法蘭克福的廚具雜貨商店買來的，是「ASA Selection」品牌的商品。由於我常做些尺寸不大的小點心，所以選擇了小型的蛋糕架。沒有多餘裝飾，外型簡單而端正，高雅而經典的設計，能夠與其他餐具和諧融合。

　　雖然所有的東西都是偶然間蒐購而來的，但每件東西基本上在營造餐桌風格的時候，都能輕易地與其他物品融為一體，簡單樸實而又帶有暖暖溫度。

a

b

c

d

e

f

g

小東西依類型分別疊放或直立在餐具櫃裡，有效率的收納物品。

a：波蘭陶藝家MARGARIDA FERNANDES的義式濃縮咖啡杯（上）。〈Margarida Fabrica〉。在我家經常派上用場的基本器具（下）。〈義式濃縮咖啡杯 / KoKo／ARABIA〉。b：我相當喜愛這個可以用來盛放小點心的碟子（上）。〈義式濃縮咖啡碟／oiva／白色／marimekko〉。在京都的咖啡館「efish」購入（下）。c：在那須高原的骨董器具店購入的日本製骨董咖啡壺。d：不鏽鋼、黃銅、白色等等各式各樣風格的餐具。在雜貨商店「Angers Ravissant 新宿店」購入（右）。在那須塩原的雜貨商店「SOMA JAPON」購入（中）。北歐骨董品「ベーテル・ガードベルグ」的商品（左）。e：砧板及托盤是打造餐桌風格的決定關鍵。在代代木上原的雜貨商店「生活之店 黃魚」購入（上）。在目黑通的家具店「Lewis」購入（左）。在雜貨商店「Madu」購入（右）。f：橢圓形盤子在並排多種料理的時候很便利。皆在日本的廚具雜貨商店購入。g：用可愛的瓶子作為歐蕾咖啡的容器。瓶子與木塞（左）皆為 WECK 品牌。Martinelli's 蘋果汁（296ml）的空瓶（右）。

Cafenoma 咖啡導覽

COFFEE GUIDE BY cafenoma

隨著興趣越來越濃厚,一路以來嘗試各種方法、使
用各種咖啡豆來品飲咖啡。cafenoma雖非咖啡專家,
頂多稱得上是「咖啡熱愛者」,在本章將會介紹我
們所發現到的咖啡小常識。

選擇美味咖啡豆的方法

cafenoma心中的美味咖啡豆

「啊——真好喝！」能夠讓人由衷發此讚嘆，對我們來說才是「美味的咖啡豆」。若以另一種說法來形容，應該可以說是「清澈風味中有著恰到好處的酸味，每天不論喝幾杯都喝不膩」的味道吧。我們不是專家，所以並不明確知道這樣的美味是來自於豆子原本具有的口味特徵，或是因為烘焙程度而來的。不過，每天使用各種咖啡豆與喜好的萃取工具沖泡咖啡，在這個過程中，也漸漸了解到咖啡豆擁有各種不同的面貌。似乎也領悟到以美味的咖啡豆創造出好喝風味的條件。以下介紹我們為了喝一杯好喝的咖啡，而留心注意的幾項要件，提供給大家作為參考。

1 購入咖啡豆

咖啡豆的風味會在磨成粉狀後因為接觸空氣而逐漸失去。我們會到店裡購買咖啡豆，準備好磨豆的工具，在要泡咖啡之前，只磨好需要的量來使用。

2 購入小批量

藉由一次購入100～200公克的小批量，在保有良好鮮度的時候使用完畢。我們會購買好幾包最小批量包裝的咖啡豆，開封後將開口確實密封保存，並在幾天內把它用完。

3 了解生產地區與生產方法

咖啡的風味會因為咖啡豆產地、氣候條件、採收方式、品質管理等等而有所差異。我們會在專賣店購入能夠確認所有生產過程（產銷履歷）的咖啡豆。這樣的豆子也被稱為精品咖啡豆（參照P96）。

4 單品咖啡與特調咖啡

在製作滴濾式手沖咖啡時，因為想要直接品嘗到咖啡豆的味道以及一天喝上好幾杯，所以會喝未調配過的淺焙～中焙程度的單品咖啡。而若是要製作拿鐵時，為了保有不被牛奶蓋過去的強勁風味以及濃厚香氣，則會選擇中深焙～深焙的特調咖啡豆。

推薦的咖啡商店

我們通常會到位於東京都內近郊並且具有明確產銷履歷的咖啡專賣店採購，
以下推薦五家商店。

丸山咖啡

店址位於輕井澤，開業已有 24 年時間，是一家深受顧
客信賴且相當知名的咖啡專賣店。凸顯原料本身風味
的獨特烘焙方式受到高度評價，老闆丸山健太郎先生
經常擔任咖啡生產國所舉辦的咖啡豆國際品評會的評
審而廣為人知。

堀口咖啡

在東京都內有數家分店，並且在店內開設從咖啡基礎
到專業知識的講座。持續尋覓誠實優秀的生產者，致
力於探索並引出咖啡豆潛藏的魅力。

27 COFFEE ROASTERS

店址位於神奈川縣藤澤市，重視與生產者的連繫，營
業理念是與積極的當地生產者以及喜好咖啡的消費者
之間締結良好的夥伴關係。致力於與規模極小的農家
合作。

OBSCURA
COFFEE ROASTERS

在東京有四家店（其中一家只從事烘焙作業），廣島
有一家店，只使用最高品質的咖啡豆。重視與咖啡豆
之間的交流，以最適合各種咖啡豆的烘焙方式追尋最
棒的品飲風味。

NOZY COFFEE

店址位於東京都世田谷區，只提供單品咖啡的商店。
不只讓顧客享受到咖啡原有的風味，也透過引出咖啡
豆本身魅力的烘焙方式販售咖啡商品。

單向透氣閥（one-way valve）

咖啡豆若接觸到空氣便會使新鮮度
下降。推薦各位使用附有單向透氣
閥的包裝，即便開封後也能確實密
封保存。

什麼是精品咖啡？

從咖啡豆到一杯咖啡，所有的製程都在適當且嚴正的
品質管理之下進行，具有很棒的風味與特性的咖啡。
（以上定義根據「一般社團法人日本精品咖啡協會」）

不同類型適合的喝法

喝法	滴濾式咖啡（熱飲）	滴濾式咖啡（冰飲）	義式濃縮咖啡	拿鐵
烘焙程度	中焙	中焙	深焙	深焙
研磨度	中研磨	中研磨	極細研磨	極細研磨
品味重點	享受恰到好處的酸味與後味的餘韻。	享受沁涼的清涼感。	享受令人瞬間清醒的濃烈滋味。建議搭配一小塊巧克力。	享受義式濃縮咖啡與溫潤甘甜的牛奶兩者的絕妙組合。

粗研磨

適用於法式濾壓壺，有著清爽的口味。可依喜好用於濾紙手沖咖啡（P100）或是濾布手沖咖啡（P104）。

中研磨

適用於濾紙手沖咖啡（P100）、濾布手沖咖啡（P104）、虹吸壺（P108）、愛樂壓咖啡壺，適合多種咖啡器具。

極細研磨

近似粉末狀，適用於義式濃縮咖啡機（P114），但需要專門的磨豆機。若是摩卡壺（P112），則要使用較粗一點的「細研磨」咖啡粉。

ABOUT MILK & SUGAR
牛 奶 與 砂 糖

關於牛奶

若要製作拿鐵或卡布奇諾，在打奶泡時，使用脂肪成分較高的牛奶較容易形成泡沫。建議使用乳脂肪 3.6 ～ 3.8% 的牛奶。

關於砂糖

我基本上喜愛喝黑咖啡，若是喝以酸味為特徵的咖啡時，也喜歡先享受半杯的黑咖啡原味，之後加入咖啡奶油再喝上一口，最後再加入粗砂糖來飲用。

濾 紙 手 沖 咖 啡 的 工 具

首先應該挑戰的是濾紙手沖咖啡。所須工具容易取得，
隨著熱水倒注方式就能改變風味，讓咖啡品飲的範圍更加廣闊。

濾杯&濾紙

濾杯與濾紙足以左右咖啡風味，
以下各別介紹代表性的2種類型。

從上往下看……

圓錐型
只有一個洞的圓錐型濾杯，熱水會緩慢落下，形成圓潤風味。

梯型
梯型濾杯底部平坦且有三個等間隔的洞。上圖是以圓筒造型創新發想出的波浪濾杯，杯身有波浪形摺痕，須使用專用的濾紙。「波浪濾杯 155」〈Kalita ╱ P128〉

圓錐型濾杯專用的濾紙。濾紙具有吸取多餘油脂的功能，因此能夠萃取出透徹的咖啡液。搭配不同濾杯與咖啡壺的大小而有好幾種尺寸。

專門用於梯型濾杯的濾紙，側面有波浪摺紋，在注入熱水時便能夠使咖啡萃取更加均衡。風味不容易跑掉，而形成穩定的味道。

磨豆機

大略來說，以動力來源為區別，可分為2個種類。
若能夠細微調整咖啡粉研磨度，就能活用各種咖啡器具。

手搖磨豆機
只要搖動把手就行了，構造相當簡單的磨豆機。不只節省空間，價格也不貴。雖然能夠調整研磨度從細研磨～粗研磨，但無法磨出適用於義式濃縮咖啡機的極細研磨。「迷你手搖磨豆機」〈Kalita／P128〉

電動磨豆機
優點是能夠均勻地磨碎豆子，功能與咖啡館所使用的機器不相上下，以家用咖啡器具來說算是高品質的磨豆機。「電動磨豆機 R-220」／富士皇家崛口咖啡特別色〈崛口咖啡／P128〉

注水壺

把熱水倒注在咖啡粉上的時候，一個能輕易調節水量的細口壺是不可或缺的。這個注水壺的口徑只有10公釐。

玻璃咖啡壺

把手有好幾個種類的設計可供選擇，像是色彩繽紛的塑膠製把手以及櫻花木製作的木質把手等等，造型相當可愛。與濾杯成組販售。

TAKAHIRO 細口手沖壺／dimanche 特別色 0.9 公升〈vivement dimanche 咖啡館／P128〉
＊圖中為舊型停產商品。現在有販售口徑 7 公釐的商品。

KōNO 名門濾杯組・木質把手〈Coffee Syphon 公司／P128〉

THE PAPER DRIP COFFEE
濾紙手沖咖啡

在家也能輕鬆享受沖咖啡的樂趣，相較之下操作簡單。注入熱水後，濾紙會吸收適度的油脂，而去除雜味，完成口味清爽的咖啡。雖然控制熱水倒注速度及水量很困難，但若是找出自己喜愛的沖泡方式，便能感受到手沖咖啡的真正樂趣。

咖啡豆種類	烘焙程度	研磨度	豆量
酸味恰到好處、帶果香的咖啡豆	可依喜好選擇，推薦中焙	中研磨	20 公克

圓錐型單孔濾杯（上）。〈KōNO 名門濾杯・透明 / Coffee Syphon 公司 / P98、P128〉。等距三孔梯型濾杯〈波浪濾杯 155 / Kalita / P98、P128〉

1
將咖啡豆磨成粉（20 公克 / 兩杯份）。

2
在濾杯上放入濾紙，裝在咖啡壺上，注入適量的熱水，預熱濾杯及咖啡壺。
＊若使用梯型波浪濾杯，請在未放入波浪濾紙的狀態下倒熱水，以免波浪摺痕被破壞。

3
將咖啡壺中的水倒掉，把磨好的咖啡粉倒入濾杯中。
＊若使用梯型波浪濾杯，請記得將波浪濾紙放好後，再倒入咖啡粉。

4
為了使熱水能夠均勻澆淋在咖啡粉上，輕拍濾杯的側面，讓咖啡粉的表面更平坦。

緩緩注入少量熱水，均勻淋在整體咖啡粉上，使萃取液慢慢向下滴落。

*控制注入熱水的流速，不要讓萃取液太快從濾杯落下。

5

6

咖啡粉會開始膨脹，外觀如漢堡排般，停留30秒使之悶蒸。

失敗範例

若一開始注水過猛，便會在美味尚未被充分萃取出來的狀態下流入咖啡壺中。咖啡粉如果沒有膨脹，即是失敗的例子之一。

*若咖啡豆本身未含有空氣，或是磨成粉狀後隔了一段時間才使用，即便悶蒸也可能不會膨脹起來。

7

以畫「の」字形的方式，持續緩慢地注入熱水，使萃取液滴落。

8

持續慢慢注入熱水，直到壺中已累積到目標完成量的一半。

*在這個時間點，已經萃取出咖啡粉中的咖啡成分。

9

若已注入一半的水量，之後便稍微提高熱水的流速。

*因為咖啡成分已被萃取出來，即便提高流速，味道也不會有太大改變。

10

若達到目標完成量，停止注水，立刻將濾杯與咖啡壺分離，並將咖啡倒入杯中。

*最後的萃取液會帶苦味，因此即使濾杯中還留有熱水，也要馬上取下。

拿鐵的做法

若是學會了以濾紙手沖方式萃取出美味的咖啡，
變化口味也讓人樂在其中。只要加入溫熱的牛奶，拿鐵就完成囉。

 >  >

1

在杯中注入適量熱水預熱。

2

在小鍋中倒入牛奶加熱至 70℃。
＊注意不要煮至沸騰。

3

將杯中的水倒掉，把手沖萃
取的咖啡與加熱後的牛奶倒
入杯中。
＊份量可依喜好調整，建議咖啡
與牛奶的比例為 1 比 1。

冰咖啡的做法

在炎熱的夏天，想要享受冰凍的清涼感，來杯冰咖啡最棒了。
基本上與手沖咖啡的做法都一樣，但會考量到冰塊溶化後的份量來製作。

 >  >

1

在咖啡壺中放入冰塊
（80 公克）。

2

與濾紙手沖咖啡作法相同，將磨
好的咖啡粉（24 公克／兩杯份）
放入濾杯，倒入熱水（250 毫升）。

3

萃取過程同手沖咖啡（參
考 P100 ～ 101 的步驟 5 ～
10），將咖啡倒入放有冰塊
的玻璃杯。

冰滴咖啡的做法

不加熱水，而是以冷水長時間萃取出咖啡的美味，製作出圓潤風味的冰咖啡。
令人愛不釋手，在我家是夏天必備飲品。

在冰滴咖啡專用的袋中放入磨好的咖啡粉（50公克／500毫升份量），把袋口封緊。

＊也可以用茶包的袋子取代，但尺寸通常較小，可能需要使用兩個茶包袋。

在裝飲料用的保存容器當中放入 1 與水（500 毫升），直接放入冰箱冷藏。上圖是經過冷藏 30 分鐘後的狀態。

靜置 6 ～ 7 小時，等到顏色變得像上圖一樣深，代表已經萃取出了咖啡的美味。取出咖啡包後保存。

NEL DRIP COFFEE
濾布手沖咖啡

萃取原理與濾紙手沖咖啡相同，只是換成法蘭絨濾
布來過濾，而能保留咖啡豆原有的適度油脂。
因此，可以品嚐到豆子本身的酸味、澀味、苦味、
深度，具有獨特而濃厚的風味。
不過，濾布的保存稍微麻煩了一點。

咖啡豆種類	烘焙程度	研磨度	豆量
酸味恰到好處、帶果香的咖啡豆	可依喜好選擇，推薦中焙	中研磨	20公克

濾布手沖咖啡專用的濾杯與咖啡壺一
體成形的器具。專業職人吹製而成的
玻璃壺也是魅力所在。「三輪二丁目
濾布咖啡壺‧附把手」〈小泉哨子製
作所／ P128〉＊有附把手的商品已停產，
現在販售無把手的商品。

濾布的保存方法

每次使用，咖啡豆的油脂都會沁入布中，布面一
旦被堵塞，雜味就無法被過濾。請勿以洗潔劑來
清洗濾布，在使用後先輕輕以水清洗，放入容器
當中並注入乾淨的水，以浸泡在水中的方式保存
（每天換一次水，保持乾淨狀態）。下次要使用
時，先把水擰乾。

1

將咖啡豆磨成粉（20公克／
兩杯份）。注入適量的熱水，
預熱濾杯及咖啡壺。

2

倒掉咖啡壺中的水，將濾布
起毛面朝內側鋪設在濾杯
上。

3

將咖啡粉放入濾杯中。為了
使熱水能夠均勻澆淋在咖啡
粉上，輕拍濾杯的側面，讓
咖啡粉的表面更平坦。

與濾紙手沖咖啡的步驟相同（P100～101），緩緩注入少量熱水，均勻淋在整體咖啡粉上，使萃取液慢速向下滴落。咖啡粉會開始膨脹，停留 30 秒使之悶蒸。

以畫「の」字形的方式，持續緩慢地注入熱水，使萃取液滴落。

持續慢慢注入熱水，直到壺中已累積到目標完成量的一半。

若已達到一半的量，之後便稍微提高熱水的流速。

若達到目標完成量，停止注水，立刻將濾杯與咖啡壺分離，並將咖啡倒入杯中。

＊圖片中因為使用濾杯與咖啡壺一體成形的器具，因此是將濾布拿掉之後再倒咖啡。

French press
法式濾壓壺

說到法式濾壓壺的發明淵源，在法國原本是作為萃取工具，因為使用金屬濾網，能夠充分萃取出油脂，可以品嘗到咖啡豆本身的特徵。咖啡豆的品質會直接影響味道，換言之，缺點也會很明顯。請務必用你喜歡的美味咖啡豆試一次看看喔。

咖啡豆種類	烘焙程度	研磨度	豆量
高品質的單品咖啡豆	推薦中焙	粗研磨	將近 20 公克

不需要放隔熱墊的法式濾壓壺。
〈CHAMBORD 法式濾壓壺 / Bodum Japan / P128〉

粗研磨的基準

粗研磨的顆粒大小如圖所示。因為法式濾壓壺的濾網網孔較大，若使用中研磨的咖啡粉，則萃取出的咖啡當中會混入許多粉粒，飲用口感會變得沙沙的。不過，不同廠商出品的濾壓壺，濾網的網孔大小也不一樣，請務必要確認一下濾網。

1

將壓桿從壺中取出，確認金屬濾網的網孔，將咖啡豆研磨為無法穿過網孔的粗粒（將近 20 公克／兩杯份）。
＊將壓桿把手往上拉。

2

在壺中倒入咖啡粉。為了讓熱水能夠均勻淋在粉上，輕搖壺身使咖啡粉的表面更平坦。

3 將定時器定在 4 分鐘。

4 啟動定時器，在咖啡粉上澆淋熱水（150 毫升）約 30 秒，使之均勻溶解，水量約至濾壓壺的一半。

＊一邊充分悶蒸咖啡粉，一邊倒注熱水。

5 慢慢倒入熱水（150 毫升）直到達到完成量，將壓桿擺定位置。

＊在這之前，注水過程大約花 1 分鐘。

6 等到定時的 4 分鐘時間到，緩緩地將壓桿往下壓。

7 為了避免悶蒸過度，請立刻將咖啡倒入杯中。

＊若是一個人要喝兩杯份，因為咖啡粉會浸泡一段時間，所以第一杯與第二杯的味道會不一樣。

SIPHON COFFEE MAKER

虹吸式咖啡壺

利用上下壺內氣體的蒸氣壓差距製作出咖啡。
沒有雜味且清爽為其風味特徵。
咖啡製作過程中的視覺效果更是吸引人。
我喜歡在可以悠閒享受的假日用虹吸壺煮咖啡。
不過，咖啡豆經過高溫蒸煮後，容易釋放苦味。

咖啡豆種類	烘焙程度	研磨度	豆量
酸味恰到好處、帶果香的咖啡豆	中焙	中研磨	20 公克

連專家也愛用的 HARIO 牌虹吸壺，以濾布作為濾網。〈Technica 系列／HARIO／P128〉

確認必備工具

＊跟其他萃取方式比起來，必須準備的工具較多，應先確認虹吸壺（上壺、下壺、過濾器、濾布、壺蓋）、酒精燈、火柴、竹製攪拌棒都已備齊再開始。隨廠商不同，可能需要另外購買竹製攪拌棒。

將咖啡豆磨成粉（20 公克／兩杯份）。將濾布套住過濾器，裝設在上壺底部，用手拉住珠鍊尾端，鉤在玻璃管末端。

將上壺斜斜插入下壺中。
＊掛在上壺的珠鍊會浸在熱水中，可防止加熱時的突沸現象（液體溫度達沸點，但卻沒有沸騰所造成。一旦受到擾動，液體會立刻沸騰並瞬間汽化）。

在下壺倒入熱水（240 毫升）。

點燃酒精燈加熱下壺。待水沸騰時，將上壺的位置轉正，倒入 2 的咖啡粉，輕輕搖動上壺使咖啡粉表面變平坦。

待熱水從下壺升至上壺，用攪拌棒輕輕攪拌，使熱水與咖啡粉均勻溶化。在下壺的水剩下一點點的時候，將酒精燈的火熄滅。

上壺的萃取液會開始流入下壺中，等它全部流完。

待咖啡全部流到下壺後，將上壺與下壺分離。

將咖啡倒入杯中。

AERO PRESS
愛 樂 壓 咖 啡 壺

外型就像是針筒般相當獨特，利用空氣的壓力來萃取咖啡。
操作很簡單，每個人都能輕易製作出穩定的味道，是最讓人
開心的地方。
藉由咖啡豆量、研磨度、熱水量的差異，
可作出清淡風味，也能作出如義式濃縮咖啡般的濃郁滋味，
味道能夠如此變化自如，也是魅力之處。

咖啡豆種類	烘焙程度	研磨度	豆量
具有濃郁風味的咖啡豆	中深烘焙	中研磨	20公克

愛樂壓咖啡壺在咖啡萃取器具當中可說是
新面孔。〈愛樂壓咖啡壺／ Aerobie〉

確認必備工具

＊因為愛樂壓沒有附玻璃咖啡
壺，因此使用自己原本有的壺
（圖中是使用牛奶壺，若只煮
一人份的咖啡，也會直接讓萃
取液落入杯中）。

將咖啡豆磨成粉（20公克／
兩杯份）。將濾筒底的濾蓋
拆下。

在濾蓋上放置濾紙，再
裝回濾筒底部。

4 在濾筒中放入咖啡粉。為使
熱水能均勻淋在咖啡粉上,
輕敲濾筒側面,讓咖啡粉的
表面變平坦。

5 將濾筒放在咖啡壺上,注入
熱水(250 毫升),用攪拌
匙攪拌使咖啡粉與熱水充分
融合。

 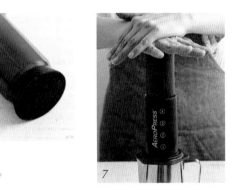

6 把壓桿裝在濾筒上,悶蒸 20 ～ 30 秒。因為壓桿
底部是橡膠材質,具有氣密性,能夠徹底悶蒸。

7 緩緩將壓桿往下壓,時間約
花 20 ～ 30 秒。

8 待壓桿壓到底,將濾筒從咖啡壺上取下,把咖啡倒入杯中。
濾筒底部的濾蓋拆下後,連同濾紙一起將咖啡粉丟掉。

MACCHINTTA
摩 卡 壺

利用沸騰熱水的蒸氣壓，萃取出接近濃縮咖啡風味的
咖啡，是來自義大利的直火式咖啡壺。
雖然操作不難，但熄火的時間點很需要技巧。
運用滴濾式咖啡壺所沒有的獨特濃郁口味，
直接喝當然很不錯，也能享受做成拿鐵或阿法奇朵的
變化樂趣。

咖啡豆種類	烘焙程度	研磨度	豆量
用於濃縮咖啡的特調咖啡豆	深焙	細研磨	20 公克

義大利歷史悠久的牌子所出品的摩卡壺，
壺身上印有大鬍子老爺爺的商標。〈摩卡
壺 / Bialetti / P128〉

1

將咖啡豆磨成粉（20 公克／三
杯濃縮咖啡的量）。將摩卡壺
的上壺與下壺分開，在下壺注
入水（140 毫升）。

2

在金屬濾網（粉槽）中放入咖啡粉，利用量匙以輕
拍方式將咖啡粉壓實一點。

3

將粉槽裝設在下壺上，再將上壺旋緊。
＊請務必旋緊，確認上下壺有確實連接在一起。

4

在開蓋狀態下，以直火
加熱，火力控制在火焰
不超出壺底的程度。
＊因為有可能沸騰溢流出
來，在能夠掌握好訣竅之
前，建議在壺蓋打開的狀態
下進行。若瓦斯爐的爐架間
隔太大，摩卡壺無法穩固地
放在上頭的話，請加上網子
後再以直火加熱。

待熱水沸騰開始萃取咖啡時，便關火。等到全部萃取完畢，為了避免悶蒸過頭，請盡快將咖啡倒入杯中。

5

拿鐵的做法

直接品嚐摩卡壺製作出的咖啡，味道當然很棒，

但加入牛奶製成拿鐵也很美味。

能夠享受到圓潤甘甜的牛奶與濃郁有深度的咖啡之間的絕妙組合。

準備打奶泡用的電動奶泡機。在杯中倒入適量熱水溫杯。

＊盡量準備大一點的杯子比較好。

1

在小鍋中倒入牛奶，加熱至70℃左右，再倒入牛奶壺中，以電動奶泡機打個 20 ～ 30 秒，製作奶泡。

＊煮牛奶時，請注意不要煮沸。

2

把摩卡壺或義式濃縮咖啡機（P114）萃取出的咖啡倒入杯中，再倒入打好的奶泡。

＊比例可依喜好調整，建議咖啡：牛奶的份量比例為 1 比 2。

3

最後，將奶泡完美地倒在咖啡表面即完成。

4

ESPRESSO
義式濃縮咖啡機

以高壓瞬間萃取出濃郁咖啡（濃縮咖啡）的機器，
雜味少且風味濃厚，苦味、酸味與甜味呈現出絕妙均衡。
唯有濃縮咖啡機能夠製作出讓風味圓潤濃郁的咖啡脂
（Crema，最上面的泡沫層）。
雖然價格不斐，機器維護上也有些麻煩，
但同時也能變化出像卡布奇諾等正統的花式咖啡。

咖啡豆種類	烘焙程度	研磨度	豆量
用於濃縮咖啡的特調咖啡豆	深焙	極細研磨	20公克

來自西班牙，外觀美麗時尚的義式濃縮咖啡機。也能簡單做出奶泡。〈義式濃縮咖啡機 Dream UP ／ ascaso〉

在水箱中倒入適量的水並裝設完畢。
＊不同廠牌的機器，操作順序也不同，請以說明書為準。

按下正中央的按鈕，開始煮水。
＊在水煮好之前會需要一些時間，此時可準備咖啡豆。

將咖啡豆（20公克／兩杯濃縮咖啡的量）以濃縮咖啡專用的研磨機磨成粉，將咖啡粉倒入已裝設好濾網的過濾器中。
＊在此是使用ascaso牌的研磨機。

一般的磨豆機不管是手動或是電動都無法磨出理想細緻度，請務必使用濃縮咖啡專用的研磨機製作極細咖啡粉。

以填壓器將過濾器中的咖啡粉壓得緊實一點。

待右側燈號亮起，就代表熱水已準備就緒。將右側開關往下扳，流掉一些熱水。再將右側開關扳回原處。

將握把裝設好，量杯擺定位置。
＊機器本身沒有附贈咖啡壺，在此我使用另外準備的容器（使用了濃縮咖啡量杯。若煮一人份的話，會直接擺放咖啡杯來接）。

扳下右側的開關，濃縮咖啡便萃取到量杯當中。若萃取量達到刻度（約花 20 秒），扳回開關，將咖啡倒入杯中。
＊唯有濃縮咖啡機才能做出表面的咖啡脂。直接喝就很美味，也可做成拿鐵（P113）。

義式濃縮咖啡的種類變化

在有著濃郁風味與苦味的義式濃縮咖啡當中加入砂糖與牛奶，

品嚐迥然不同的美妙滋味。

以下介紹我在家常做的四種花式咖啡做法。

＊義式濃縮咖啡的做法請參照P114～115。也可以用摩卡壺製作出的濃郁咖啡來代替（P112）。

拉花卡布奇諾

1　杯中倒入大約30毫升的義式濃縮咖啡。

2　將90毫升的牛奶打成奶泡（P113）。

3　把奶泡緩緩倒入濃縮咖啡，最後將泡沫覆蓋於表面。

4　用巧克力醬畫出條紋狀，再以竹籤在條紋上橫向描繪出圖案。

貝禮詩咖啡

1　杯中倒入大約30毫升的義式濃縮咖啡。

2　製作出與咖啡同樣份量的奶泡（P113）。

3　在義式濃縮咖啡中加入貝禮詩香甜酒（1大匙）與粗砂糖（1/2大匙）攪拌均勻（份量可依喜好調整）。把奶泡緩緩倒入濃縮咖啡，最後將泡沫覆蓋於表面。可用厚紙板等道具製作喜歡的圖案模板，放在杯子上頭，再灑上可可粉。

貝禮詩香甜酒

（Baileys The Original Irish Cream）

飄散著來自冰島的香草風味，帶有甜味的奶酒。在一般的賣酒商店都可買到。

紅豆阿法奇朵

1 在義式濃縮咖啡杯當中用冰淇淋杓舀入適量的香
  草冰淇淋，再加上煮過的紅豆（罐裝・加糖／2
  大匙）。

2 淋上濃縮咖啡，用湯匙攪拌均勻後便可食用。

  ＊若加上餅乾一起吃更美味。

冰咖啡

1 將濃縮咖啡倒入製冰器當中，做成咖啡冰塊。

2 把咖啡冰塊放入玻璃杯中，倒入冰牛奶，享受咖
  啡冰塊溶化在牛奶裡的絕妙滋味。

  ＊加入咖啡糖漿（P22）也很好喝。

健康的豆腐點心

在自家咖啡館不可少的就是點心了。

因為也很在意熱量及身體健康，

所以便運用豆腐及豆渣，親手做出有益健康的點心。

豆渣蛋糕

做法（約能做出兩個12×6.5×高5公分的磅蛋糕）

1 在蘭姆酒（2大匙）中浸泡喜好的水果乾（80公克）。

2 低筋麵粉（70公克）、杏仁粉（20公克）、烘焙粉（2/3小匙）混勻後過篩。

3 在大碗中打兩顆蛋，加入三溫糖（70公克）拌勻。牛奶（60毫升）、米糠油（40毫升）依序倒入碗中，每加入一項材料都仔細攪拌，再放入生豆渣（100公克）拌勻。倒入2再均勻攪拌，混入已擰乾的1，將麵糰放在烤模中，在170℃的烤箱中烤35～40分鐘。

香蕉豆腐思康

做法（6〜8個份）

1　用攪拌器將嫩豆腐（50公克）攪至滑順泥狀，以叉子搗碎一根香蕉（80公克／中型）。

2　在大碗中混勻低筋麵粉（230公克）與烘焙粉（2小匙），加入奶油起司（72公克／Kiri起司四片）。用手將所有材料拌勻，使之形成米粒狀。

3　加入鹽（1/2小匙）、1、楓糖漿（1大匙），以攪拌匙拌勻。攪拌到看不見麵粉的程度，將麵糰摺疊幾次，整成3公分厚。切為6〜8等分，放入190℃的烤箱中烤20分鐘。

豆腐生巧克力

做法（約能做出一個15.5×12.5×高2.5公分的烤盤份量）

1　將前一晚瀝乾水分的嫩豆腐（150公克）放入食物調理機打成滑順狀，再加入巧克力（150公克）與巧克力利口酒（1小匙）繼續攪拌。

2　在烤盤鋪上烘焙紙，將1倒入盤中，放入冷凍庫冰2小時。取出後切成一口大小，再灑上可可粉（3大匙）。

豆腐提拉米蘇

做法（約能做出兩個15.5×12.5×高2.5公分的烤盤份量）

1　將前一晚瀝乾水分的木綿豆腐（400公克）與馬茲卡彭起司（100公克）、煉乳（4大匙）、咖啡利口酒（2小匙）、肉桂粉（少許）放入食物調理機打成滑順狀。

2　將餅乾（適量）捏碎鋪在烤盤底部，將咖啡利口酒（1/3小匙）與濃縮咖啡（60毫升）混合後，倒入烤盤中。把1鋪在最上層，放入冰箱冷藏1〜2小時。食用前再灑上可可粉（1〜2大匙）。

蛋糕基底使用了酥脆口感的圓形餅乾。也可用長崎蛋糕代替。

咖啡良伴 *2*

麵 包 配 料

將切得厚厚的吐司拿去烤，
杯子裡倒入滿滿咖啡，
我最喜歡這樣的早餐組合。
介紹在我家為簡單早餐
增添豐富感的超棒配料。

果醬

左邊是來自奧地利的德寶（darbo）草莓果醬，雖然並不華麗，不過，果實比例有70%，即使每天吃也不膩，有著懷舊風味的果醬。右邊是SWEETS garden YUJI AJIKI店裡的杏桃果醬，有著絕妙酸味，該店也有販售優格。

奶油&起司

在麵包上劃出十字切痕，放上奶油充分溶解沁入其中，是我最愛的吃法。最上頭的DEAN&DELUCA奶油突顯鹽味，十分好吃。底下是產自法國香檳地區的CAPRICE des DIEUX起司，口感柔嫩沒有多餘星腥味，容易入口。迷你尺寸方便使用。

半熟蛋

我喜歡用蛋黃流淌而出的半熟蛋搭配烤吐司。把計時器跟蛋一起放入水中煮，就能抓準熟度的絕妙時機，BURTON牌的「EGG-PERFECT」計時器是我家的必需品。

沙拉&香腸

在沙拉的葉菜類蔬菜當中加上橄欖、酥脆培根、磨菇、番茄等等。特級冷壓初榨橄欖油加入巴薩米可醋、檸檬汁、美奶滋、鹽、胡椒製成醬汁。至於香腸，我則喜愛三田屋的產品。

咖啡良伴 *3*

簡 單 三 明 治

以小平底鍋代替盤子，趁熱上桌，
麵包邊緣烤出了看來相當美味的焦黃色澤，
只是多點巧思，就能讓自家咖啡館的餐桌更豐盛。

焗 烤 蘆 筍 開
放 式 三 明 治

做法（1人份）
將7～8根迷你蘆筍（根部切掉約1公分長度）放在小片土司（1片）
上，灑鹽、胡椒（各少許），鋪些披薩用的起司（40公克），再灑
上帕瑪森起司，送進烤箱烤至起司融化。
＊可以在蘆筍下方鋪些培根，最上面再擺放半熟蛋，也很美味。

鮪魚黑橄欖三明治

做法（2人份）

1　鮪魚罐頭（油漬／2罐）裡加入泡過冰水去除辣味並切成碎末的洋蔥（1/8顆）、美乃滋（2大匙）、醋（1小匙）攪拌均勻，以鹽、胡椒（各少許）調味。

2　用烤盤將吐司（2公分厚／4片）烤得焦香，塗抹適量奶油。在2片吐司中夾入萵苣（2片，2人份需要4片）、一半的1、去籽後切細碎的黑橄欖（2人份的量約2大匙）、泡過冰水去除辣味並切片的紫洋蔥（1/8顆，2人份需要1/4顆），最後再切成幾等分。

法式焗烤火腿起司三明治

做法（2人份）※圖中為1人份切4塊

1　打蛋（4顆），加入牛奶（6大匙）、美乃滋（2大匙）、鹽、粗粒黑胡椒（各少許）攪拌均勻，把吐司（1.5公分厚／4片）浸在裡面。

2　在2片吐司中夾入溶化起司、火腿（各1片，2人份需要各2片），在熱好的平底鍋放入適量奶油，將吐司兩面煎至焦香。可切成你喜好的大小。

復古咖啡廳風格的雞蛋三明治

做法（2人份）

1　打蛋（4顆），加入美乃滋（1大匙）、牛奶（1大匙）、砂糖（1小匙）、鹽、胡椒（各少許）攪拌均勻。

2　以小～中火加熱平底鍋，放入適量奶油，倒入一半的1。從平底鍋的邊緣將蛋皮往中間摺，做出四方形的模樣。之後再重複一次，共煎出2片。

3　在2片吐司（1.5公分厚／總共需要4片）上塗抹適量奶油。混合美乃滋、番茄醬、黃芥末醬（各1小匙）塗在另外2片吐司上。

4　在塗抹奶油的吐司依序放上小黃瓜薄片（1根的量）與2，再蓋上塗抹混合醬料的吐司。將濕毛巾鋪蓋在三明治上頭約5分鐘後，切除吐司邊後再切塊。

cafenoma Q&A

以下整理了常見的網友提問，一次回答！

Q1　一天會喝幾杯咖啡呢？

通　常一天會喝大概 3 杯黑咖啡。
也會隨當下的心情，加入牛奶做成拿鐵。

Q2　請推薦不同季節適合的咖啡喝法。

在　炎熱夏日來杯冰咖啡，清爽又沁涼。
特別是冰滴咖啡，風味圓潤順口好入喉，讓我愛不釋手。
若在寒冷季節，總會心心念念地想用虹吸壺泡咖啡，看著熱水奔放沸騰。
用義式濃縮咖啡機或摩卡壺煮的濃郁咖啡所調製的拿鐵，無論春夏秋冬，不
管冰或熱，對我來說都是一年四季不可少的飲品。

Q3　關於品嚐咖啡的方法，請推薦一些訣竅吧。

享　受一杯咖啡的過程，
從研磨咖啡豆開始，我認為是很有趣的。
傾聽著咖啡豆在金屬磨豆機當中喀啦喀拉的碰撞聲，
感受著磨碎豆子顆粒的手感……。
被空氣中飄散的咖啡美好香氣所包圍，沉浸在專心凝神的時刻。

Q4　哪些和菓子適合搭配咖啡呢？

口　味甜膩的和菓子，意外地與黑咖啡特別合拍。
我推薦橫濱元町「香炉庵」的黑糖銅鑼燒。
還有仙台「白松がモナカ本舖」的迷你最中餅。
一口大小的尺寸剛剛好，與黑咖啡超搭的。

Q5　請推薦你喜歡的點心店。

位　在東京的東急東橫線地鐵的學藝大學站旁邊，「MATTERHORN」販售
的年輪蛋糕口感濕潤綿密，相當推薦。
若是喜歡一手端著咖啡另一手拿取小點心，則不可錯過位於三重縣津市的「T2
菓子工房」的蘋果巧克力，以及東京淺草的「Cake House TAKARAYA」的柳
橙巧克力。

Q6　請推薦你喜歡的麵包店。

我　推薦的是位在東京世田谷區的「VENT DE LUDO」的甜麵包，以及橫濱「Boulangerie JEAN FRANCOIS」的法國麵包。

也經常會前往「THE CITY BAKERY」購買吐司，這家店來自紐約，在東京的品川、広尾以及大阪的梅田、福岡的天神等地都有分店。

Q7　請推薦跟咖啡有關的電影。

絕　對是《雙峰》（Twin Peaks）。

可以的話，我建議最好準備著黑咖啡與甜甜圈來欣賞這部影片。

Q8　請推薦你喜歡的音樂。（主要為 1950 年代的音樂）

我　喜歡聽女歌手演唱爵士經典名曲的專輯。

也會聽 Bossa Nova 或古典鋼琴曲等沉靜的音樂，

不管哪種音樂都適合搭配咖啡一起享受呢。

Q9　請談談你打造咖啡空間的原則。

由　於從前工作的關係，常有機會造訪日本各地及世界各國的咖啡館。

而當時遇見了許多令我嚮往的咖啡館，

就成了我現在打造空間的範本。

Q10　在營造風格上的重點是？

總　是忍不住就想把喜歡的廚具及餐具全都擺得滿滿的，但我認為有時候比起「增加」些什麼，「刪減」則是更重要的功夫。我發現到了留白所創造出的空間與輕鬆自在的氛圍，日日都在持續嘗試最好的做法。

結 語

「想 在 自 家 舒 適 的 空 間 中 悠 閒 度 過 時 光 ，
並 且 喝 上 一 杯 美 味 的 咖 啡 。」

我 們 所 描 繪 的 奢 侈 夢 想 ， 僅 只 如 此 而 已 。

但 是 ， 在 實 現 上 卻 沒 有 想 像 中 容 易 ，
不 想 擺 設 自 己 不 喜 歡 的 東 西 ，
有 時 在 太 過 整 潔 洗 練 的 空 間 當 中 坐 立 不 安 ，
於 是 一 整 天 都 環 視 著 屋 子 找 原 因 ，
也 曾 經 突 然 對 櫃 子 裡 的 東 西 感 到 好 奇 ，
而 來 場 大 掃 除 。

之 所 以 會 在 Instagram 網 站 發 佈 照 片 ，
初 衷 是 希 望 活 用 我 們 兩 人 各 自 的 興 趣 ， 透 過 最 愛 的 咖 啡 ，
傳 達 出 獨 具 cafenoma 風 格 、
能 讓 每 天 變 得 更 愉 悦 的 小 巧 思 與 創 意 。

起初只有為數不多的人在看我們的Instagram，

不知不覺間，不只是日本的網友，

有來自世界各地的人們都來關注，

除了在網站上留言，也會送禮物給我們，

衍生出意想不到的交流，是令人十分欣喜的意外。

這本書純粹提供我們喜愛的咖啡居家生活方式給各位參考，

在汲汲營營的日子當中，

即便只有極短時間，也能讓心靈獲得放鬆，

若家就是這樣的地方，

是多麼美好的事呀。

如果各位在這本書中能夠發現到打造出這般理想生活的靈感，

對我們來說，再沒有比這更令人開心的事了。

cafenoma　弓庭暢香・刈込隆二

這不是咖啡館，是我家

室內佈置×輕食甜點×咖啡知識，打造咖啡館風格居家的第一步，美好生活的新起點！

作　　　者——cafenoma
譯　　　者——林育萱
主　　　編——林憶純
責任編輯——林謹瓊
內頁設計——李宜芝
封面設計——Rika Su
行銷企劃——許文薰
董事長‧總經理——趙政岷
第五編輯部總監——梁芳春
出版者——時報文化出版企業股份有限公司
　　　　　10803台北市和平西路三段240號七樓
　　　　　發行專線／（02）2306-6842
　　　　　讀者服務專線／0800-231-705、（02）2304-7103
　　　　　讀者服務傳真／（02）2304-6858
　　　　　郵撥／1934-4724時報文化出版公司
　　　　　信箱／台北郵政79～99信箱
時報悅讀網——www.readingtimes.com.tw
電子郵箱——history@readingtimes.com.tw
法律顧問——理律法律事務所　陳長文律師、李念祖律師
印　　　刷——和楹印刷股份有限公司
初版一刷——2016年7月
定　　　價——260元

⊙行政院新聞局局版北市業字第八○號
版權所有　翻印必究
（缺頁或破損的書，請寄回更換）

國家圖書館出版品預行編目資料

這不是咖啡館，是我家 / cafenoma著；林育萱譯. -- 初版. --
　臺北市：時報文化, 2016.07
　面；　公分

　ISBN 978-957-13-6710-1(平裝)

1.咖啡

427.42　　　　　　　　　　　　　　　　105010933

拍攝：刈込隆二、林ひろし（P2-7、30、56、76、90、96-123）
造型：弓庭暢香
設計：芝晶子、仲島綾乃（文京図案室）
編輯協力：遊馬里江

咖啡器具與咖啡豆品牌

café vivement dimanche
電話：0467-23-9952　http://dimanche.shop-pro.jp/

Kalita
電話：045-440-6444　http://www.kalita.co.jp/

小泉硝子製作所
電話：03-3803-3741　http://www5b.biglobe.ne.jp/~kgs/

Coffee Syphon公司
電話：03-3946-5481　http://www.coffee-syphon.co.jp/

HARIO
電話：0120-398-207　http://www.hario.com/

Bialetti（STRIX DESIGN INC.）
電話：03-3383-2112　http://bialetti.jp/

Bodum
電話：03-5775-0681　www.bodum.co.jp

堀口珈琲
電話：03-5438-2143　http://www.kohikobo.co.jp/

丸山珈琲
電話：0267-26-5556　http://www.maruyamacoffee.com/

27 COFFEE ROASTERS
電話：0466-34-3364　http://27coffee.jp/

NOZY COFFEE
電話：03-5787-8748　http://www.nozycoffee.jp/index2.php

OBSCURA COFFEE ROASTERS
電話：03-5432-9188　http://obscura-coffee.com/

＊本書所介紹的器材皆為作者個人物品。有許多商品可能
現在已經沒有在販售，請讀者見諒。